U0332486

追踪光影

李继勇 著 书魔方 绘

远方出版社

图书在版编目（CIP）数据

开心实验.追踪光影 / 李继勇著；书魔方绘.--
呼和浩特：远方出版社，2021.7
ISBN 978-7-5555-1572-2

Ⅰ.①开… Ⅱ.①李… ②书… Ⅲ.①科学实验—儿
童读物 Ⅳ.①N33-49

中国版本图书馆CIP数据核字(2021)第069611号

开心实验·追踪光影
KAIXIN SHIYAN ZHUIZONG GUANGYING

作　者	李继勇	
绘　图	书魔方	
责任编辑	奥丽雅	
责任校对	安歌尔	
封面设计	宋双成	
版式设计	陈美林	
出版发行	远方出版社	
社　址	呼和浩特市乌兰察布东路666号　　邮编　010010	
电　话	（0471）2236473总编室　2236460发行部	
经　销	新华书店	
印　刷	北京市松源印刷有限公司	
开　本	165mm×235mm　1/16	
字　数	78千	
印　张	5	
版　次	2021年7月第1版	
印　次	2021年7月第1次印刷	
印　数	1—10000册	
标准书号	ISBN 978-7-5555-1572-2	
定　价	16.80元	

如发现印装质量问题，请与出版社联系调换

主人公

酷博士： 博学，有智慧，风趣幽默，喜欢小动物。淘气猫经常给他添乱，可他一点儿也不生气，真有大家风范。

淘气猫： 酷博士的宠物猫。它调皮好动，机智聪明，对新鲜事物充满强烈的好奇心和求知欲。

目 录

会拐弯的光

1个大可乐瓶

1把剪刀

1卷胶带

1个手电筒

奇妙的实验开始了：

1. 用剪刀在距离大可乐瓶底部5厘米的地方剪一个小孔；

2. 用胶带粘住这个小孔，往瓶子里灌满水，盖上盖子；

3. 拉上窗帘，让屋里变黑；将可乐瓶放到水池边，有小孔那面朝向水池；

4. 打开瓶盖，用手捂住手电筒外侧，打开手电筒，照射可乐瓶，光线要和可乐瓶口保持垂直，然后撕掉胶带。

淘气猫：光线变弯了！

酷博士：这是光线不断被反射的缘故。来自手电筒的光线是垂直于可乐瓶的，所以光线不会发生折射，但是会被反射到水中，形成全反射现象。被反射到水中的光线会再次进行全反射，这样不断反射后，我们看到的就是弯曲的光线了。

屋顶的星空

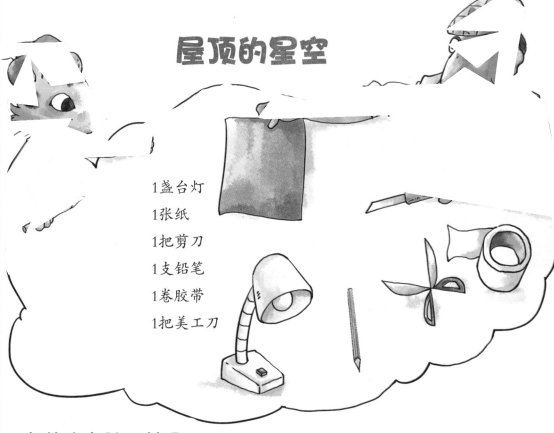

1盏台灯
1张纸
1把剪刀
1支铅笔
1卷胶带
1把美工刀

奇妙的实验开始了：

1. 用剪刀将纸剪成一个直径60厘米的半圆，用铅笔在纸上画一些小星星；

2. 在家长的帮助下，用美工刀将小星星刻出来；

3. 将半圆卷成圆锥，用胶带粘好；

4. 关上灯，拉上窗帘，将圆锥套到台灯上，再打开台灯。

淘气猫：这么漂亮的星空是怎么变出来的呢？

酷博士：这不是变出来的，而是光线射出来的。光是沿直线传播的，那些小星星就是光透过圆锥上的孔在天花板上形成的图像。如果你在纸上刻几只小鸭子，小星星就变成小鸭子了。

淘气猫：快快快，我来刻几只小鸭子试试。

4

扑克牌也能煮鸡蛋

1副扑克牌
1张锡纸
1卷双面胶
1个生鸡蛋
1个小铁罐
1卷胶带
水

奇妙的实验开始了：

1. 用双面胶将锡纸贴到扑克牌上，每张扑克牌上都要贴锡纸，做成锡板；

2. 用胶带将锡板连起来，做成一个大锡板；

3. 往铁罐里倒入一些水，把生鸡蛋放进水里，水要没过鸡蛋；

4. 在阳光下，将锡板放到铁罐前，调整锡板的角度，使反射的阳光照进铁罐里。

淘气猫：呀，真烫，鸡蛋竟然熟了！

酷博士：这没什么奇怪的，只不过是锡纸将阳光反射到铁罐里而已。我们用了几十块小锡板，每一块都反射着阳光，这些阳光慢慢地将铁罐里的水加热，就把鸡蛋煮熟了。

淘气猫：就是速度有点慢。

会自己改变方向的箭头

1张白纸
1支彩笔
1个圆玻璃杯
水

奇妙的实验开始了：

1. 用笔在纸上画一个箭头；

2. 往玻璃杯里倒满水；

3. 将纸放到玻璃杯后面，从玻璃杯前观察箭头。

淘气猫： 箭头怎么变反了？是你偷偷改了吗？

酷博士： 这可不是我改的，是光线改变了它的方向。这种现象就是光的折射：当光透过媒介照到某个物体时，光的方向就会改变。在这个实验中，光从空气中穿过玻璃杯，又穿过水，到达我们眼前的时候，方向已经改变了，所以箭头的方向就变反了。

水滴放大镜

1块玻璃
水
1张报纸

奇妙的实验开始了：

1. 将玻璃擦干净，放到报纸上，观察字的大小；

2. 在玻璃上滴一个直径5毫米的水滴，再观察字的大小。

淘气猫： 好奇怪，字全都变大了。

酷博士： 这是因为水滴有放大功能。当水被滴到玻璃上时，水的表面张力就在玻璃上形成表面凸起的水滴，就像一个平凸透镜，因此，也能放大报纸上的字。不过，这个水滴不能太大，否则效果就不明显了。

自己做彩虹

1个喷壶
水

奇妙的实验开始了：

1. 挑一个天气晴朗的日子，往喷壶里灌满水；
2. 背对着太阳，用喷壶喷出水雾，不断调整水雾的
   角度。

淘气猫：咦，出现了一道彩虹，和雨后的彩虹几乎一样！

酷博士：因为它们的原理是一样的。说到底，彩虹是一种光学现象。当阳光照射半空中的水珠时，光线就会被水珠折射和反射，形成彩色光谱，我们就看到了一道彩虹。

多出来的手指

1台电视机

奇妙的实验开始了：

1. 打开电视机，靠近电视机屏幕；
2. 在屏幕前晃动手指。

淘气猫： 是我眼花了吗？我怎么看到好多手指？

酷博士： 不是你眼花，而是光影在作怪。电视机播放时，每秒可以播放25帧画面，这样我们看到的画面才是连续的。就是说，每一秒里，电视机屏幕都是一会儿暗一会儿亮的。有光的时候，我们就能看到手指的影子；没光的时候，就看不到。随着手指的晃动，影子的位置也变来变去，看起来就像是多了很多手指一样。

淘气猫： 这下我放心了，我还以为自己眼花了。

镜子再也不模糊了

1面旧镜子
1块肥皂

奇妙的实验开始了：

1.将镜子用水蒸气熏一下，镜子马上变得模糊了；

2.用肥皂在镜子上擦几下，然后用水冲洗干净；

3.再将镜子用水蒸气熏一下。

酷博士：看，镜子再也不怕水蒸气了。

淘气猫：这是为什么呢？

酷博士：镜子之所以会模糊，是因为上面的脏东西会让镜子表面不再光滑。水蒸气遇冷后附着在那些脏东西上，就形成大小不一的水珠。这时，光线在水珠上形成漫反射，我们就看不清镜面了。刚才我们用肥皂把脏东西洗掉，镜面就恢复了光滑，水蒸气在一个平面上，形成的是一层均匀的薄膜，光线没法进行漫反射，镜子也就不模糊了。

吸管怎么不一样了

1个圆玻璃杯
1个直角玻璃杯
2根一样的吸管

奇妙的实验开始了：

1. 分别在两个玻璃杯里注入多半杯水；
2. 将吸管分别插入两个玻璃杯。

影子变小了

1个放大镜
1张白色硬纸板
1个塑料杯
1个手电筒

奇妙的实验开始了：

1. 将硬纸板斜靠在墙上；

2. 在硬纸板正前方20厘米处放一个塑料杯；

3. 用手电筒照塑料杯，观察硬纸板上的影子；

4. 将放大镜放在塑料杯和硬纸板之间，再用手电筒照
   塑料杯，调整手电筒的位置，让影子更清楚。

淘气猫： 是因为放大镜比塑料杯大，杯子的影子才变小的吗？

酷博士： 当然不是了。我们能看到塑料杯的影子，是因为塑料杯挡住了手电筒的光。当放大镜放到塑料杯和硬纸板中间时，放大镜就会不断收集杯子旁边的光线，并向内折射。这样一来，手电筒射出的光就只能拐弯，影子也就没有那么大了。对了，手术室的无影灯就是根据这个原理制成的。

怎儿这儿多小人

1面大镜子
1面小镜子
1个玩具小人

奇妙的实验开始了：

1. 将大镜子摆在桌上，镜子一定要和桌面保持垂直；

2. 将玩具小人放在大镜子前面，再将小镜子放在小人后面，两面镜子要面对面保持平行；

3. 看看大镜子，观察里面的小人。

淘气猫： 1个，2个，3个……天哪，怎么这么多小人？我都数不过来了。

酷博士： 淘气猫别着急，你是没法数得清的。这是因为镜子发生了一连串的反射。当两面镜子面对面地摆放时，光线会在这两面镜子的镜面间发生多次反射。每反射一次，我们就能看到一个小人，一直到反射光慢慢减弱，再也看不清为止。

淘气猫： 不行，我一定要数清，1，2，3……

我的头发变粗了

1个红酒瓶软木塞
1枚大头针
2枚图钉
1张透明薄膜
1根头发

奇妙的实验开始了：

1.请家长帮忙，将软木塞竖着切成两半，再在其中一
  半的上面插上大头针；

2.请家长帮忙，将透明薄膜用图钉固定在软木塞的横
  切面上；

3.在透明薄膜的上部、靠近大头针顶部的位置，贴一
  根头发；

4.靠近大头针，看上面的反光点，再看看头发。

淘气猫： 我一定是眼花了，头发看起来怎么变粗了呢？

酷博士： 你没有眼花，你呀，是被大头针骗了。在这个实验里，大头针的顶部就相当于一个凸面镜。光线照到上面，就会被放大、加宽。当被放大、加宽的光线反射到我们的眼睛里时，眼前的物品看起来就会变大、变宽，头发就是这样被变粗的。

淘气猫： 说到底，我还是被骗了。

筷子真的断了吗

1把勺子
1根筷子
1个玻璃杯
食盐
水

奇妙的实验开始了：

1. 往玻璃杯里倒入半杯水，加入一勺食盐，
   搅拌均匀；
2. 等待5分钟，再往玻璃杯里加水，加到多半杯；
3. 将筷子放进玻璃杯里。

淘气猫：你怎么把筷子弄断了？

酷博士：淘气猫，别着急。虽然它看起来变成3截，可实际上它还好好的呢。这是光线折射的角度不同的缘故。在这个玻璃杯里，上面是清水，下面是盐水，盐水的密度大，光线射进水里时形成的折射角度就更大。而杯子的上部只有空气，空气和水、盐水的密度都不一样，因此，筷子看起来就像是被截断了一样。

淘气猫：就是说，我又弄错了？

变短的勺子

1个水杯
1把勺子
水

奇妙的实验开始了：

1.往水杯里倒满水，把勺子放进杯子里；

2.从杯子上方观察勺子的大小。

酷博士： 淘气猫，快来看，我把勺子变短了。

淘气猫： 哼，酷博士准是又在骗我啦！

酷博士： 不信？你来看看。

淘气猫： 咦，它真的变短了！这到底是怎么回事呢？

酷博士： 哈哈，其实这只是眼睛的错觉而已。这个错觉产生的主要原因是，被插入水中的勺子所反射的光线不是以直线的方式进入眼帘的。光线在水面上被折射成一个角度，所以才看到勺子的勺头比实际大大靠上。

我抓住太阳啦

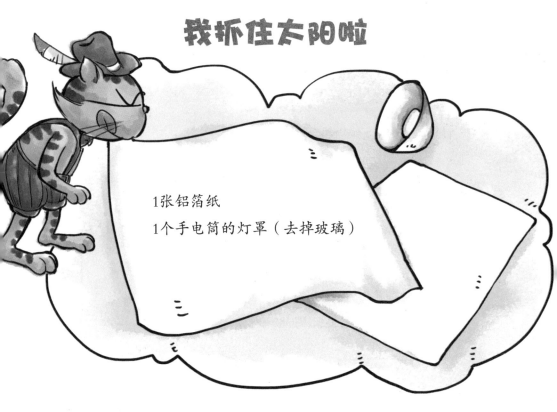

1张铝箔纸

1个手电筒的灯罩（去掉玻璃）

奇妙的实验开始了：

1. 将铝箔纸做成一个小漏斗，戴在手指上；

2. 举起手指，对着太阳；

3. 取下铝箔纸，将手电筒的灯罩套在手指上，
   再对着太阳举起手指。

淘气猫： 哎呀，好烫！我的手指被烫坏了。

酷博士： 没关系，取下来就好了。你的手指之所以会感到热，是因为太阳的光线被反射到手指上了。铝箔纸很光滑，太阳光就会向内反射到手指上；当换上手电筒的灯罩时，这种效果会更加明显。因此，你会感到很热。

淘气猫： 我又上了酷博士的当。

淘气猫变胖了

1把金属勺子

奇妙的实验开始了：

1. 拿起勺子，用凹进去的那一面照照你的脸；

2. 用凸起来的那一面照照你的脸。

淘气猫：我的脸怎么变得这么奇怪呢？

酷博士：还不是光线捣的鬼。当你用凹面照自己的脸时，勺子的上半部反射的是脸的下半部，而勺子的下半部反射的则是脸的上半部，所以你会在勺子的上半部看到脸的下半部，在勺子的下半部看到脸的上半部。当你用凸面照自己时，凸面反射的光是向外发散的，就起到了放大作用，你的脸看起来就像变胖了一样。

淘气猫：啊，没事没事，我的脸其实没变。

颜色的秘密

1张白纸
1个大西红柿
1个手电筒

奇妙的实验开始了：

1. 拉上窗帘，让屋里变黑；
2. 将白纸铺在桌上，把西红柿放到白纸中间；
3. 用手电筒照西红柿，观察西红柿在白纸上的影子。

淘气猫： 西红柿的影子是粉红色的，怎么不是黑色的呢？

酷博士： 这是因为西红柿只反射红色的光，其他颜色的光都被它吃进去，哦不，是吸收掉了。白纸会反射所有照到上面的光。由于西红柿只反射红色的光，因而白纸上西红柿的影子就成了粉红色。

淘气猫： 如果我用一个绿苹果做实验，会变成什么颜色呢？

酷博士： 那就试试看吧！

自己冒出来的小方块

1张黑色的大纸

1张边长3厘米的

正方形黄纸

奇妙的实验开始了:

1.将黄纸放到黑纸上,不眨眼地看着它们;

2.30秒后,你的眼前会出现什么呢?

淘气猫：咦，从哪儿冒出来一个蓝色小方块？

酷博士：我们眼睛里的视锥细胞有红、绿、蓝3种色素。当有色光线射到视网膜上时，会引起这3种视锥细胞发生兴奋，传入人的视觉中枢，就产生了色觉。不过，当我们的眼睛感到累时，绿色和红色感光细胞就不那么敏感了，但蓝色感光细胞却依然很活泼，因此，我们就看到蓝色的小方块了。

迟到的春天

1个盘子
深色的土壤
浅色的沙子
2支温度计
1张纸
1支笔
1盏台灯

奇妙的实验开始了：

1. 把盘子放到台灯旁，将土和沙子装入盘中，各占一半；

2. 在土和沙子里各插一支温度计，记下它们的温度；

3. 打开台灯，照射盘子半小时后，比较两支温度计的温度。

37

淘气猫：为什么土壤的温度比沙子高呢？

酷博士：这个实验告诉我们，深色的物体对光和热的吸收要强于浅色的物体。土壤的颜色比沙子深，所以它更能吸收光和热，温度也就更高。当太阳光照射地球的时候，深色的土壤能吸收更多的热量，也就更快变暖；而浅色的沙子却会把光线反射出去，温度也就不容易升高。

镜子里的淘气猫

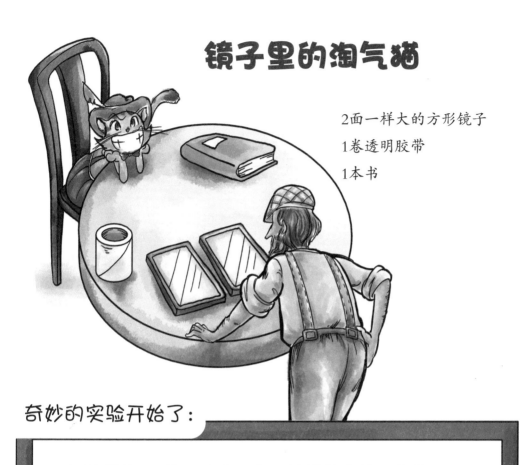

2面一样大的方形镜子
1卷透明胶带
1本书

奇妙的实验开始了:

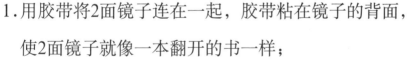

1. 用胶带将2面镜子连在一起, 胶带粘在镜子的背面,
   使2面镜子就像一本翻开的书一样;
2. 将书翻开, 立在2面镜子前, 通过左边
   镜子中出现的右边镜子, 看里面的字;
3. 再用镜子照照自己。

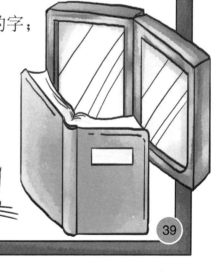

淘气猫：为什么字不是反着的？

酷博士：照镜子时，镜子里的我们都是反的，比如在镜子里左眼变成了右眼。这是因为我们看到的图像只反射了一次。但是在这个实验中，我们从镜子里看到的图像是经过两次反射的，每一面镜子都把图像颠倒了一次。这样颠倒两次后，就和我们本来看到的一样了。

淘气猫：这个镜子还真好玩！

隐形文字

1瓶含有荧光剂的无色清洁剂

1根棉签

1盏紫光台灯

1张白纸

奇妙的实验开始了：

1. 用棉签蘸着清洁剂在白纸上写几个字；

2. 字迹变干后，仍是白纸一张，再将白纸放到紫光台灯下，打开台灯。

羽毛中的光谱

1根干净的羽毛
1支蜡烛
1盒火柴

奇妙的实验开始了：

1. 点燃蜡烛，将蜡油滴在桌上，固定蜡烛；

2. 关掉灯，拉上窗帘，让屋子变黑；

3. 站在离蜡烛一米远的地方，让羽毛紧贴眼睛，观察蜡烛。

淘气猫：有黄色、绿色……哇！好多种颜色！

酷博士：这就是光的衍射现象。就是说，当光在传播时，如果遇到障碍物或小孔，就会绕过物体，继续往前走。在这个实验中，羽毛有很多间隙，光线通过这些间隙，就会发生衍射。其间，光就被分解成很多颜色。我们有时会在天空中看到七彩云，它们大多也是光的衍射形成的景观。

绕着弯走的光线

1个空矿泉水瓶   1卷胶带

1块黑布   1枚铁钉

1根透明的塑料软管   1个手电筒

1个碗   水

1块橡皮泥

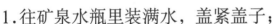

奇妙的实验开始了：

1. 往矿泉水瓶里装满水，盖紧盖子；

2. 在家长的帮助下，用铁钉在盖子上扎一个洞，并将塑料软管穿进去，再用橡皮泥封好洞口；

3. 把软管另一端放到碗里，将瓶子平放在桌上，再将手电筒的头紧贴在瓶子底部，用胶带固定；

4. 用黑布把瓶子和手电筒包起来，打开手电筒；

5. 关掉屋里的灯，拉上窗帘，用手挤瓶子，把水挤出来，观察软管里的光线。

淘气猫： 光线也会绕弯路？

酷博士： 不是的，光线依然是直线传播的。当它跟着水一起进入软管时，弯曲的软管壁让光线不断地发生反射，形成了很多直线段，因此，光线在软管里所走的就是"之"字形路线。

怎么总是刺不中

1本厚书
2根火柴棒
1枚大头针

奇妙的实验开始了：

1. 将厚书平放在桌上，再将1根火柴立起来靠在书旁；

2. 在桌上平放1根火柴；

3. 拿起大头针，沿着平放的火柴杆方向，去刺火柴头。

4. 再用大头针去刺立着的火柴的火柴头。

淘气猫：咦？我总是刺不中平放的火柴头，立着的比较容易刺中。

酷博士：这是因为我们的眼睛有"视觉差异"。当人的双眼位于一个水平线时，对竖立的火柴立体感觉强，就容易判断火柴的位置；但是，我们的双眼对平放的火柴没有那么强的立体感，也就不容易判断火柴的位置。如果我们闭上一只眼睛，就更不容易刺中平放的火柴头了。

淘气猫：不行，我还要试一试！

白天和黑夜是怎么回事

1个手电筒

1件暗色的衬衫

1面镜子

奇妙的实验开始了：

1.打开手电筒放在桌上，关掉屋里的灯；

2.穿上衬衫，走到离手电筒30厘米的地方，面对手电筒，将镜子放到背后的桌上；

3.让手电筒的光照到衬衫的正面，观察光的强度；

4.身体向左侧转动，同时调整镜子的角度，让镜子将手电筒的光反射在衬衫的正面；

5.比较衬衫正面的光线强度变化。

淘气猫： 衬衫怎么一会儿暗一会儿亮呢？

酷博士： 这个实验告诉我们白天和夜晚的光线变化。我们把衬衫当作地球，镜子当作月球，手电筒当作太阳。当我们左转时，就相当于地球在自转。被手电筒照到的地方就是白天，而镜子的反射光照到的地方就是黑夜。

手指变莲藕

奇妙的实验开始了：

1. 伸出双手的食指，将食指尖相对接触，形成"一"
   字形，放在眼前；

2. 将手从自己眼前移到距离眼睛15~30厘米的地方；

3. 眼睛看向食指，然后将视线移到远处。

淘气猫：中间多出了一节手指！咦，又没了？

酷博士：哈哈，这就是一种光学上的错觉。离眼睛近的物体发出的光是散开的，而离眼睛远的物体发出的光是平行的。如果远处物体的光线进入你的眼睛，你就看不清近处的物体了，也就产生了错觉。因此，第一步把手指放在眼前时，你会觉得你的手指像莲藕一样，多出了一节。

淘气猫：我还以为真的多出了一节手指呢！

自制照相机

新闻报纸

2个牛奶盒
1个放大镜
1卷宽透明胶带
1张报纸
1把剪刀

奇妙的实验开始了：

1. 在一个牛奶盒底部剪一个方洞，用胶带把放大镜固定在上面，再剪掉牛奶盒的顶部；

2. 将另一个牛奶盒的顶部和底部都剪掉，再用胶带把牛奶盒底部封上；

3. 将报纸折成一个长方体，放进第二个牛奶盒里，并用胶带固定；

4. 将第二个牛奶盒套进第一个牛奶盒中，拉动第二个牛奶盒，观察看到的风景。

针孔眼镜

2个软塑料瓶盖（直径30~40毫米）

1枚缝衣针

1支蜡烛

1盒火柴

1根线

奇妙的实验开始了：

1. 请家长用蜡烛将缝衣针烧红；

2. 请家长用烧红的针尖在瓶盖上各扎一个直径约1毫米的小孔；

3. 请家长用烧红的针尖在瓶盖两侧各扎两个小孔；

4. 把线穿过瓶盖两侧的小孔，连起来做成一副眼镜。

淘气猫： 这个眼镜好奇怪啊，可是我为什么还能看清远处的东西呢？

酷博士： 这就是小孔成像。当光线穿过小孔后，不管物体离我们是远还是近，图像总是很清楚。我们眼睛里的视网膜，就像是一个光屏。如果是近视眼，成像就在光屏前面；如果是远视眼，成像就在光屏后面。但是加了小孔后，不管近视还是远视，物体都能在视网膜上形成图像，也就能看清了。

淘气猫： 我的眼睛好着呢，既不近视也不远视。

我也会做潜望镜

2面镜子
1张硬纸片
1卷胶带
1把剪刀

奇妙的实验开始了：

1. 请家长用硬纸片做两个带直角弯头的圆筒，直径要比镜子大一些；

2. 在圆筒的两个直角处各剪一个45°的斜口，将两面镜子面对面插进斜口里，用胶带固定好；

3. 将两个圆筒套在一起，调整角度，把某个物体放在高处的镜子旁。

忽隐忽现的熊猫

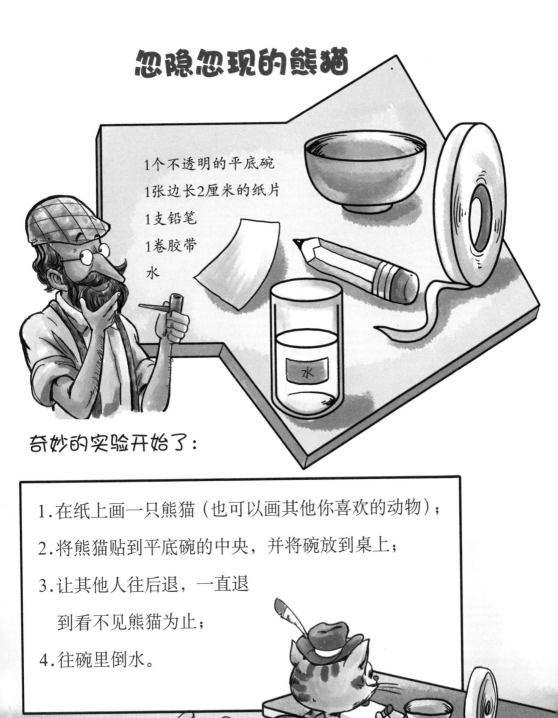

1个不透明的平底碗

1张边长2厘米的纸片

1支铅笔

1卷胶带

水

奇妙的实验开始了：

1.在纸上画一只熊猫（也可以画其他你喜欢的动物）；

2.将熊猫贴到平底碗的中央，并将碗放到桌上；

3.让其他人往后退，一直退
  到看不见熊猫为止；

4.往碗里倒水。

淘气猫： 熊猫又出现了！为什么加了水，我就能看到它了？

酷博士： 所有的物体都能反射光线，当其中的一部分光线进入我们的眼睛时，我们才能看到物体。但是，如果光线是从水中进入空气或者从空气进入水中，光走的路线在水面就会发生倾斜，光线也会偏离。这样偏离的结果，就让我们再次看到了熊猫。

淘气猫： 这还要感谢水呀。

会自己变化的花纹

2块玻璃板
1块干净的布

奇妙的实验开始了：

1. 将玻璃板洗净，用布擦干；
2. 将2块玻璃板叠到一起，用手指捏住，放到照明灯下；
3. 加大手指的力量，捏紧玻璃板。

淘气猫：咦，花纹怎么发生变化了？

酷博士：这是因为玻璃的表面并没有那么平，上面有很多凹凸处，只是我们的眼睛看不见。当两块玻璃板叠合后，中间就会有很多细微空隙，形成空气夹层。此时，光线透过玻璃，光波就会互相干涉，形成彩色的花纹。如果我们改变手指的力量，空气夹层的厚度就会变化，也就会影响光线的反射，花纹当然也跟着改变了。

淘气猫：它还真是个善变的家伙！

家里也有海市蜃楼

1个铁盆
2个积木房子
1个电磁炉
细沙

奇妙的实验开始了：

1. 关上门窗，让屋里的空气稳定；
2. 将细沙铺在铁盆里及铁盆旁，再将积木房子放在盆边的细沙上；
3. 在家长的帮助下，将铁盆放到电磁炉上加热，直到细沙变热；
4. 观察铁盆。

淘气猫：我看到积木房子的影子了，还不止一个呢！

酷博士：这就是人们常说的海市蜃楼。当铁盆被加热后，铁盆上方的空气密度就没那么均匀了。因此，当光线透过空气照到积木房子上时，就会发生全反射，在铁盆边沿就会出现积木房子的虚线。不过，这个实验可不能你自己单独做，一定要由我来做，因为这个实验有一定的危险性。

淘气猫：我离这么远还不行吗？

天空是什么颜色的

1个透明塑料杯
水
牛奶
1个手电筒

奇妙的实验开始了：

1. 往塑料杯里倒满水；

2. 再往杯子里滴几滴牛奶；

3. 关上灯，拉上窗帘，打开手电筒，让手电筒的光穿过杯子，从上向下看塑料杯。

淘气猫：杯子里的水怎么变成蓝色的了？

酷博士：这是牛奶的微粒有散射作用的缘故。它们能散射光线里的蓝色光，因此，加了牛奶的水看起来都是蓝色的。在大气中也有很多微粒，因为这些微粒有散射作用，所以我们看到的天空就是蓝色的。

淘气猫：我还是喝掉这盒牛奶吧。

缠绕的豆芽

几颗豆子

1个玻璃杯

1张白纸

1条小毛巾

4支铅笔

1卷胶带

1碗温水

奇妙的实验开始了：

1. 将豆子泡在温水里，直到它长出小芽；

2. 将白纸卷成筒状，放到杯子里；把毛巾弄湿，揉成一团，放到纸筒里；

3. 找4颗芽比较大的豆子，将它们固定在玻璃杯和纸筒之间；

4. 将铅笔固定在豆子旁边的玻璃杯外侧；

5. 每天给小毛巾浇水，观察一到两个星期。

淘气猫：豆芽真的长大了，可是怎么有的大有的小呢？

酷博士：因为获得的阳光不一样。这4颗豆芽，有的背对着太阳，有的面对着太阳，背对太阳的豆芽长得慢一些，面对太阳的豆芽，因为直接被太阳照射，所以长得很快。

淘气猫：这些豆芽现在能吃了吗？

小小万花筒

3面长方形的小镜子

1卷胶带

几张彩色小纸片

1把剪刀

1张硬纸片

1个透明塑料袋

1张透明描图纸

奇妙的实验开始了：

1. 将镜子面对面搭成一个三棱柱，用胶带固定好；

2. 用剪刀在硬纸片中央剪出一个小洞，然后将硬纸片贴到三棱柱的一端，用胶带封上；

3. 将塑料袋剪成三角形，大小与三棱柱的底部三角形一样；

4. 把彩色小纸片放到塑料袋上，再蒙上一张透明描图纸；

5. 将塑料袋和描图纸一起固定到三棱柱的另一端，描图纸朝外；对着光线，慢慢转动三棱柱，眼睛透过小孔向里看。

淘气猫：里面的图案不断地变！

酷博士：没错没错，这是镜子的成像原理造成的。当我们把万花筒底部朝向明亮的地方时，光线就会从半透明的描图纸透过来，照到彩色小纸片上。而小纸片又会被镜子不断反射，形成漂亮的对称图案。每次转动万花筒，小纸片的排列都会变化，就形成了不同的图案。

淘气猫：我也要做一个。

变脸

1面镜子
1个手电筒
1张白纸
1张黑纸

奇妙的实验开始了：

1. 关上灯并拉上窗帘，让屋里变黑；
2. 坐到镜子前，打开手电筒，将它放到脸的左侧，让光照到鼻子上；
3. 把黑纸放到脸的右侧，正对着手电筒的光；
4. 把白纸放到脸的右侧，正对着手电筒的光。

行星美丽的光环

1个手电筒
1张书桌
1个塑料瓶
1瓶爽身粉
1把转椅
小冰粒

奇妙的实验开始了：

1. 关上灯并拉上窗帘，让屋子变黑；

2. 打开手电筒，放在桌上；

3. 往塑料瓶里倒入爽身粉，将转椅移至手电筒光束照到的地方；

4. 坐到转椅上，握着塑料瓶，转动转椅，同时迅速挤压瓶子，让爽身粉从手电筒的光束中穿过；

5. 将小冰粒放到塑料瓶里，转动转椅，同时迅速挤压瓶子，让小冰粒在光束中穿过。

淘气猫： 这和行星的光环有什么关系呢？

酷博士： 这个实验的原理和行星的光环是一样的。实际上，行星的光环就是由灰尘和碎冰块组成的。这些灰尘和冰块被阳光照射后，都会反射光线，所以行星的光环看上去才那么美丽。实验中的爽身粉就相当于灰尘，而小冰粒就相当于冰块。

奇怪的太阳

几本书
1张桌子
1盏台灯
1个装水的瓶子

奇妙的实验开始了：

1. 把书叠到一起，放在桌子上；
2. 把台灯放到书的旁边，把有水的瓶子放到书的另一边，让书、瓶子和台灯在一条直线上；
3. 打开台灯，调整书的高度，让它能挡住灯光。

淘气猫： 这个实验告诉我们什么呢？

酷博士： 我们可以把实验中的台灯看作太阳，把瓶子看作地球的大气层。我们之所以能看到太阳，是因为大气层会折射光线。当太阳升起或者落下时，它的光线都会穿透大气层，进入我们的眼睛。就像实验中的台灯，即使它的位置比书低，被书挡住了，但我们还是能看到灯光。